Alexander Wijgers

Malaysia: ein Beispiel für gelungene Entwicklungspolitik?

GRIN Verlag

Bibliografische Information der Deutschen Nationalbibliothek:

Die Deutsche Bibliothek verzeichnet diese Publikation in der Deutschen National-
bibliografie; detaillierte bibliografische Daten sind im Internet über http://dnb.d-
nb.de/ abrufbar.

Impressum:

Copyright © 2003 GRIN Verlag GmbH
Druck und Bindung: Books on Demand GmbH, Norderstedt Germany
ISBN: 978-3-640-43207-3

Dieses Buch bei GRIN:

http://www.grin.com/de/e-book/89595/malaysia-ein-beispiel-fuer-gelungene-ent-
wicklungspolitik

GRIN - Your knowledge has value

Der GRIN Verlag publiziert seit 1998 wissenschaftliche Arbeiten von Studenten, Hochschullehrern und anderen Akademikern als eBook und gedrucktes Buch. Die Verlagswebsite www.grin.com ist die ideale Plattform zur Veröffentlichung von Hausarbeiten, Abschlussarbeiten, wissenschaftlichen Aufsätzen, Dissertationen und Fachbüchern.

Besuchen Sie uns im Internet:

http://www.grin.com/

http://www.facebook.com/grincom

http://www.twitter.com/grin_com

Universität Hamburg, Abteilung Kulturgeographie
Geographisches Institut, Sommersemester 2003

Oberseminar

„Südostasien"

Malaysia: ein Beispiel für gelungene Entwicklungspolitik?

Referent:
Alexander Wijgers

Gliederung:

1. Einleitung

Die Region Südostasien und Ostasien hat in der zweiten Hälfte letzten Jahrhunderts einen sozioökonomischen Wandel geschafft, der es erlaubt, durchaus von einem neuen Gravitationszentrum der Weltwirtschaft zu reden. Drei Viertel des weltwirtschaftlichen Zuwachses entfielen in den neunziger Jahren auf diese Region mit ihren Staaten, unter denen einige Regionen oft als die „vier kleinen Tiger" (Hongkong, Taiwan, Südkorea, Singapur) hervorgehoben werden. Aber es sind längst nicht nur diese Wirtschaftsräume, die einen musterartigen Prozess der aufholenden Industrialisierung geschafft haben. Auch Malaysia hat sich durch beträchtiges wirtschaftliches Wachstum ausgezeichnet und gilt hinter Singapur als das am zweitweitesten entwickelte Land Südostasiens. In den Jahren 1988 – 1995 erreichte die Wirtschaft Malaysias ein Wachstum von 8% (vgl. Chowdury, A.; Islam, I. 1996, S.222). Für diese Entwicklung sprechen neben den ökonomischen auch nichtmonetäre Indikatoren (vgl. Vennewald, W. 1996, S. 152). Als Mitglied der ASEAN ist das Land heute ein äußerst ernstzunehmender Konkurrent zu anderen Newly Industrializing Countries (NICs).

Im Folgenden soll der wirtschaftliche Strukturwandel in der zweiten Hälfte des vergangenen Jahrhunderts erläutert werden, sowie ein Blick auf die aktuelle Entwicklungsplanung geworfen werden. Unter dem Titel „Vision 2020" hat sich das Land zum Ziel gemacht, zum vollwertigen Industrieland aufzusteigen. Teil dieses Planes ist der „Multimedia Superior Corridor", der optimale Standortqualitäten für neue Industrien bieten soll. Des Weiteren soll ein Blick auf aktuelle Kennziffern einen Überblick über die allgemeine Entwicklung und im Vergleich zu anderen Ländern geben, sowie auf die Unterschiede der einzelnen Regionen. Leider beschränkt sich die gesamte Analyse größtenteils auf West-Malaysia, da die Insel Borneo sowohl vom Staat als auch von der Wissenschaft vernachlässigt wurde bisher.

2. Prozesse des wirtschaftlichen Strukturwandels

2.1. Sozioökonomische Rahmenbedingungen vor dem Hintergrund der Kolonialherrschaft

Aufgrund seiner Ausstattung mit natürlichen Ressourcen entwickelte sich Malaysia schon unter der britischen Kolonialherrschaft zu einem weltwirtschaftlichen Produzenten von Zinnerz und Kautschuk. Außerdem schufen die Kolonialherrscher ein gutes Rechtssystem, sowie ein effizientes Verwaltungsgefüge im Lande. Doch die koloniale Phase hatte auch negative Auswirkungen. Die Produktpalette der Halbinsel war wenig differenziert und unterlag den Nachfragemärkten von Nordamerika und Europa. Da der Ausbau der exportorientierten Wirtschaftsregion mehr Arbeitskräfte erforderte als im Land vorhanden waren, kam es zur Immigration vieler chinesischer und indischer Arbeiter. Die Briten beeinflussten diese Einwanderung durch Landvergabe und Zuweisung von Arbeitsplätzen. Die Zuwanderung erlaubte es den Chinesen, sich im produzierenden Gewerbe und im Dienstleistungsgewerbe zu etablieren. Ihr durchschnittliches Einkommen lag deshalb über dem der Bumiputra (Ureinwohner in Malaysia; Übersetzung: „Söhne der Erde") (Kulke, E. 1989, S. 68). Dies hatte die Schaffung einer Vielvölkergesellschaft zur Folge, dessen Struktur sich auch heute noch nach verfolgen lässt. Hinzu kam ein Anstieg der sozioökonomischen Disparitäten zwischen der infrastrukturell entwickelten und auf Exportprodukte spezialisierten Westküste, und der Ostküste, an der die Subsistenzwirtschaft zu dieser Zeit noch überwog.

Mit dieser Ausgangssituation, die durch 150 Jahre Kolonialherrschaft der Briten geprägt war, wurde das Land 1957 in die Unabhängigkeit entlassen (vgl. Schätzl, L. 1994, S. 144 ff.).

2.2. Wirtschaftsentwicklung nach der Unabhängigkeit – Importsubstitution einer wenig diversifizierten Wirtschaft

Die durch den Ausbau der Infrastruktur in der Kolonialzeit geförderten Aktivitäten im Exportgeschäft von Rohstoffen und Agrarprodukten (anfangs Zinn und Kautschuk, später insbesondere Palmöl) legten auch den Grundstein für die wirtschaftlichen Aktivitäten nach der Unabhängigkeit. Jedoch war der Export wenig differenziert. Auf die Ausfuhr von Zinn und Kautschuk entfielen deshalb 1960 ca. 94% aller Exporterlöse (vgl. Kulke, E. 1994, S. 69). Anfang der 50er Jahre konzentrierte sich die Wirtschaftspolitik des Staates auf die Diversifizierung von Primärgütern (Cash Crops) und die Schaffung eines günstigen Investitionsklimas für Ausländische Direktinvestitionen (ADI). Die darin zu erkennende „laissez – faire" – Politik war Bestandteil wirtschaftlicher Empfehlungen der Weltbank (Schätzl, L. 1994, S. 148). Zu dieser Wirtschaftpolitik gehörten vor allem auch die Bereitstellung einer ausgebauten Infrastruktur sowie das Zusichern von „Incentives" wie z.b. Steuererleichterungen. In den Folgejahren der 60er rückte mehr die Industrialisierung in den Mittelpunkt des Interesses der Wirtschaftsplaner. Der industrielle Schwerpunkt mit ihrer Konsumgüterindustrie sollte durch Importbestimmungen, vorrangig Zölle, geschützt werden (Jomo, K. S. 1993, S. 112). Mit diesen Vorgaben entwickelte sich bis zum Ende der 60er Jahre aufgrund der niedrigen Löhne eine auf arbeitsintensive Produktionsschritte spezialisierte Industrie aus, die vor allem bei der Herstellung von Textilprodukten Vorteile fand (Schätzl, L. 1994, S. 147). Die Strategie der Importsubstitution zeigte aber schon bald ihre negativen Auswirkungen. Der viel zu kleine Binnenmarkt (1960: 8,1 Mio. Einwohner) schaffte es nicht, genügend Antrieb für ein Selbsttragendes Wachstum zu geben (vgl. Kulke, E. 1994, S. 69).

Die durch die ethnischen Gegensätze ausgelösten Unruhen von 1969 forderten eine Neukonzeptionierung der Strategie der malaysischen Regierung und induzierten über Umwege auch neue Impulse in der Wirtschaftspolitik.

2.3. Offenes Kapitalistisches Marktsystem durch „New Economic Policy"

Nach zwei Jahren einer Übergangsregierung durch das National Operation Council, wurde in langfristiger Planung von den bis dahin geführten Strategien der Wirtschaftspolitik abgewichen. Die Hauptziele dieser neuen Entwicklungspläne sollten sein:

1. Dynamisches Wirtschaftswachstum durch ausgeprägte Exportindustrialisierung
2. Reduzierung der Armutshaushalte (bis 1990 auf 17%)
3. Ausgeglichene Beteiligung der Ethnien am Beschäftigungsanteil in den einzelnen Sektoren (vgl. Schätzl, L. 1994, S. 147).

Die Schwerpunktsetzung auf die Exportindustrialisierung hatte zur Folge, dass sich zwei Typen Exportorientierter Produktionen herausgebildet haben. So bildeten die resourced – based industries (Palmenöl, Holz) den einen Exportzweig, non – resourced – based industries aus dem Bereich der Konsumgüter, einen weiteren. Im Laufe der 70er Jahre gewann letzterer, insbesondere hinsichtlich neuer Konzepte der internationalen Arbeitsteilung, an Bedeutung (vgl. Jomo, K. S. 1993, S. 117). Damit ergab sich für Malaysia eine Verschiebung der Anteile an den Gesamtausfuhren der Industrieerzeugnisse im Export von 6% (1960) auf 48% (1988). Die arbeitsintensive Herstellung von Textilgütern wich zugunsten von Produktionen aus den Bereichen Maschinenbau, Metallverarbeitung und vor allem Elektrotechnik (vgl. Schätzl, L. 1994, S. 147). In diesem Bereich hatte Malaysia schon in den 80er Jahren Wettbewerbsfähigkeit auf internationaler Ebene erreicht. Entsprechend des Wachstums des non – resourced – based Sektors behielt der resourced – based Sektor zwar seine dominierende Stellung, verliert aber verglichen an den Anteilen der Warenausfuhr an Bedeutung.

Als positiv ist jedoch hervorzuheben, dass es gelungen ist die Exportrohstoffe zu diversifizieren. Die wichtigsten Rohstoffe waren 1988: Rohöl, Kautschuk, Palmöl und Holz. Gerade Palmöl ist auch heute noch das wichtigste Agrargut im primären Sektor. Im folgenden Zeitraum von 1970 bis 1996 sank er Anteil der Rohstoffexporte an den Gesamtausfuhren weiter von 72% auf 11%. Im Gegenzug stieg der Anteil der Industriegüterexporte von 28% auf 89%. Dieser strukturelle Wandel wurde vor allem durch Industrieproduktionen von arbeitsintensiven und einfachen „low value – added productions" angetrieben. Erste Investitionen aus dem Ausland in diese Richtung realisierten vor allem amerikanische Unternehmen in den 70er Jahren (vgl. O'Brien, L. 1992, S.121).

Neben den wirtschaftlichen Anliegen war auch der Abbau von interethnischen Einkommensdisparitäten zwischen Malaien und Chinesen Gegenstand der NEP (vgl. Schätzl, L. 2000, S. 242).

2.4 Aufbau eigener Industriepotenziale durch ADI in den 80er Jahren

Ziel der Wirtschaftspolitik in den 80er Jahren war vor allem der Aufbau einer eigenen Automobilindustrie sowie einer durch ADI finanzierten Elektroindustrie. Die Quellgebiete der ADI waren vorrangig Japan und die USA (vgl. Kulke, E. 1998, S. 193 ff.).

Europäische Investoren hielten sich hingegen anfangs sehr stark zurück. Erst im Laufe der Zeit entwickelte sich Europa, zusammen mit den USA, zu den stärksten Partnern im Handel (vgl. Chowdhury, A.; Islam, I. 1996, S. 222).

Um diesen Prozess zu unterstützen, etablierte die Regierung Malaysias einige wirtschaftspolitische Instrumente wie z.B. Einrichtung von Freihandelszonen, Steuererleichterungen für Investitionen, Industrial Estates (vgl. Schätzl, L. 2000, S.242 ff.). Die Produktionen von elektronischen, elektrischen und textilen Produkten bildeten den Kern der Firmen, die in den malaysischen Freihandelszonen aktiv wurden. Bis zum Ende der 80er lösten die Sektoren der Elektrotechnik, Maschinenbau und Metallverarbeitung die bisherigen Träger der Industrialisierung ab. Auch die Qualität der Produktion veränderte sich zunehmend. Die anfangs durch einfache, arbeitsintensive Schritte gekennzeichnete Produktionen nahmen zugunsten von höherwertigen Industriegütern aus dem Konsum- und Investitionsbereich ab. Ein Beispiel dafür ist die 1985 begonnene Fertigung eines Personenkraftwagens, der Proton Saga. Gemeinsam mit Mitsubishi wurde bei Kuala Lumpur das erste Automobilwerk des Landes errichtet. Der Mittelklassewagen konnte in den ersten elf Jahren 56% des Marktanteils innerhalb Malaysias gewinnen, was nicht zuletzt Verdienst der Importzölle auf ausländische Autos war. Später versuchte man dieses Modell auch in Entwicklungsländern wie Brunei, Pakistan und Sri Lanka abzusetzen (Kulke, E. 1989, S. 27 ff.).

Seit Mitte der 70er Jahre hat Malaysia durch seine Wirtschaftspolitik und die implizierten ökonomischen Aktivitäten es geschafft, ein hohes Wirtschaftswachstum zu erreichen. Der Aufbau einer zeitgemäßen Infrastruktur im Telekommunikations- und Energiesektor war ein wichtiger Bestandteil der damaligen Zielsetzung und kam Anfang der 90er Jahre eine besondere Bedeutung zu. Die Realisierung dieser Infrastrukturprojekte wurde, anders als in Singapur, durch Einbindung des privaten Sektors erreicht.

Außerdem hat man, gerade in Malaysia und Singapur, von staatlicher Seite gezielte Forschungs- und Entwicklungspolitik betrieben und so den Aufbau einer Technologieorientierten Industrieproduktion gefördert (vgl. Kraas, F. 1998, S.143). Die Aufstrebende Entwicklung Malaysias wurde jedoch bereits Anfang der 80er Jahre durch eine Rezession erschüttert. Doch im Vergleich zu der sich im darauf folgenden Jahrzehnt nährenden Krise, handelte es sich hierbei nur um einen kleinen Vorboten.

2.5 ADI in Malaysia – Entwicklung und Stellenwert

Malaysias rapides Wachstum der vergangenen 20 Jahre wurde zum großen Teil von Ausländischen Direktinvestitionen getragen. Dabei ist der Großteil der ADI mit einem Anteil von 43% in den verarbeitenden Sektor geflossen und zu 35% in den Dienstleistungsbereich (The Economist, 2001). Nach Angaben der World Bank war der südostasiatische Staat unter den fünf attraktivsten Volkswirtschaften für ADI in den Jahren 1987 – 1991. Pull – Faktoren waren zu dieser Zeit vor allem das wirtschaftliche Wachstum, makroökonomische Stabilität, Verfügbarkeit von Arbeitskräften und eine gut ausgebaute Infrastruktur. Vorwiegende Produktionen sind im Bereich der elektro- und elektrischen Produktion, chemischen und petrochemischen Produktion, Produktion von Maschinenbauteile sowie Textilproduktion, angesiedelt.

Die hauptsächlichen Investoren sind Unternehmen aus Taiwan, Japan, USA, EU und Singapur. Insbesondere nach 1989 stiegen die ADI – Zuflüsse, was nicht zuletzt den vom Staat zugesprochenen Incentives durch Steuervergünstigungen zu verdanken war. Auch heute noch ist der Anteil der ADI relativ hoch. Dies hat jedoch nicht nur positive Seiten, da es eindeutig zeigt, dass Malaysia stark von diesen Geldern abhängig ist. Angesichts der Tatsache, dass weitere Länder der asiatischen Region immer attraktiver für ADI werden, kann man der zukünftigen Entwicklung in diesen Bereich sehr kritisch gegenüber stehen. China beispielsweise hat gegenüber Malaysia, mehr als den 8fachen Betrag an ADI 1997 erworben und weitere aufstrebende Länder, wie Indonesien und Indien, stehen in direkter Konkurrenz (The Economist, 2001).

2.6 Zusammenfassung der Ergebnisse im Phasenüberblick

Nach Jomo (1993) lässt sich die in den vorausgegangenen Kapiteln erläuterte Entwicklung bis Ende der 80er Jahre in fünf Phasen gliedern.

Die 1. Phase ist die der Kolonisationsherrschaft durch die Briten mit Export von einfachen Agrarprodukten und Zinn.

Die 2. Phase nach der Unabhängigkeit setzte auf die Importsubstitution des Verarbeitenden Gewerbes, geschützt durch hohe Zölle. Jedoch waren die Marktgrenzen schnell erreicht und die wirtschaftliche Entwicklung erhielt nur wenig endogene Impulse.

In den späten 60er Jahren begann die 3. Phase mit einer auf den Export ausgerichteten Industrie. Vorrangig wurden textile, elektrische und elektronische Produkte für den Export gefertigt. Unterstützt wurde diese Entwicklung von der damaligen Wirtschaftspolitik.

Die 4. Phase dieser Entwicklung beinhaltete die exportorientierten Wirtschaft und die Förderung von ausgewählten Schwerindustrien. Markant für diese Phase war vor allem die Krise, die den Sektor der Elektroindustrie erfasste. Mit der Krise stellte sich auch wachsende Arbeitslosigkeit ein, aber nach wie vor brachte das verarbeitende Gewerbe genügend Fortschritte.

In der 5. Phase nach 1987 erholte sich die Wirtschaft von der Krise Anfang der 80er Jahre. Zugpferde der Entwicklung waren vor allem Deregulierung und neue „Incentives" für Investoren. Die Regierung förderte neben dem Aufbau neuer Dienstleistungen auch die Entwicklung neuer, eigener Produkte. Im Halbleitergeschäft errang sich Malaysia Weltstatus.

2.7 Auswirkungen der Asienkrise und ihre Konsequenzen für die Wirtschaftspolitik

In den Jahren 1997 und 1998 wurde auch Malaysia von der Asienkrise erfasst. Auf die Gründe der Krise soll hier nicht weiter eingegangen werden. (siehe dazu Kraas (1998), Weggel (1998) und Tan (2000)).

Als erstes wurde Malaysia von einem Währungswertverlust erfasst, der 41% gegenüber dem US$ entsprach. Dieser Finanzkrise folgte eine schwere Wirtschaftskrise. Die Aktienkurse in Malaysia verloren um 57% (vgl. Weggel 1998, S. 142). Das Wachstum des BIP ging im Jahr 1998 auf -7,4% zurück. Der Zufluss von

ADI fiel um 58% geringer aus. Die einzelnen Wirtschaftssektoren wurden von der Krise unterschiedlich schwer getroffen. Die Industrie verbuchte einen Rückgang von 10,7%, während das verarbeitende Gewerbe um 13,4% sank. In der Baubranche gab es sogar einen Einbruch von 24%, was auf ausgebliebene Infrastrukturprojekte zurückzuführen ist.

Die Importe gingen um 18,3% zurück, da die starke Abwertung des Ringgits die Kosten für importierte Güter anstiegen ließ. Auf der anderen Seite kam es jedoch trotz der dadurch besseren Exportbedingungen kaum zu einer Verbesserung dieser, was zu dieser Zeit an der schlechten Weltwirtschaftslage lag.

Anders als die meisten Nachbarstaaten, suchte Malaysia nicht die Unterstützung des IWF, sondern ging seinen eigenen Weg. Um die Krise im Land zu überwinden, unternahm die Regierung verschiedene Maßnahmen. Diese erstreckten sich von Fiskal- und Geldpolitik, über selektive Kapitalkontrollen bis hin zu Maßnahmen im Finanz- und Unternehmenssektor. So wurde ab Mitte 1998 von einer kontraktiven auf eine expansive Geldpolitik umgeschwenkt. Es wurden Infrastrukturprojekte in Auftrag gegeben, um den Bausektor und somit die inländische Nachfrage zu fördern.

Um die hoch spekulativen Geschäfte einzudämmen, wurden selektive Kapitalkontrollen eingeführt. Diese betrafen Gewinne, die durch Ausländer durch Transaktionen auf dem malaysischen Finanzmarkt realisiert wurden. Diese Gewinne mussten ein Jahr lang auf Inlandskonten angelegt werden, bis sie in Fremdwährung getauscht werden durften. Außerdem wurde die Kreditvergabe stark eingeschränkt. Des Weiteren wurden Institutionen geschaffen, die eine bessere Kontrolle der Finanzmärkte insbesondere der Kreditvergabe versprachen.

1999 konnte durch die angeführten Maßnahmen bereits wieder ein Wirtschaftswachstum von 6,1% erreicht werden. Für den Aufschwung erwies sich insbesondere der Export mit der florierenden Elektroindustrie als treibende Kraft. Der damit erwirtschaftete Handelsüberschuss erbrachte mehr Liquidität und erhöhte die internationalen Devisenreserven.

Nur die Baubranche hatte nach wie vor einen Rückgang um immer noch 4,4% zu verzeichnen. Dies hängt mit ausgebliebenen Privatinvestitionen in diesem Bereich zusammen (vgl. Yan Bin, Y. 2002, S.92).

3.   Aktuelle wirtschaftliche und sozioökonomische Situation

3.1.   Ausgewählte Indikatoren in ihrer historischen Entwicklung und im Internationalen Vergleich

Im Folgenden soll anhand einiger sozioökonomischer Kennziffern die Entwicklung Malaysias, sowie ihre aktuelle Stellung in der Welt durch vergleiche betrachtet werden.

Tabelle 1: Sozioökonomische Kennzahlen ausgewählter ASEAN-Staaten 1994				
	Malaysia	Thailand	Philippinen	Indonesien
Einwohner (Mio.)	19,7	58	67	190,4
BSP pro Kopf (US$)	3480	2410	950	800
BSP Durchschnittswachstum 1985 – 1994	5,6	8,6	1,7	6
Anteil der Exporte am BIP (%)	83,2	31,6	20,7	22,9
KKP des BSP/Kopf (USA = 100)	32,6	26,9	20,6	13,9
HDI Rangplatz	53	52	95	102
Anteil unter der Armutsgrenze Ø 1981 – 95	5,6	0,1	27,5	15

(Baratta (1999); Koschatzky (1997) nach Weltbank (1996), Deutsche Gesellschaft für die Vereinten Nationen (1996), Far Estern Economic Review (1997); eigene Darstellung)

Im direkten Vergleich mit den Nachbarstaaten in der ASEAN hat es Malaysia bereist weit geschafft. So ist das BSP pro Kopf weit höher. Die KKP des BSP/Kopf zeigt jedoch noch den gewaltigen Abstand zu den Industriestaaten. So hat Malaysia erst ein drittel der Kaufkraft erreicht wie in den USA. Die hohen Wachstumsraten in Malaysia lassen diesen Vorsprung jedoch immer mehr sinken. Interessant ist der HDI Rangplatz, wo Malaysia bereits den 53sten Rang und damit bereits zum vorderen Mittelfeld gehört. Dies belegt, dass sich die Entwicklung in Malaysia nicht nur auf die wirtschaftlichen Aktivitäten beschränkt, sondern die gesamte Bevölkerung am Aufschwung durch Bildung und Gesundheit profitiert. So stieg zum Beispiel die Lebenserwartung zwischen 1974 und 1999 von 65,03 Jahren bei Männern und 70,3 Jahren bei Frauen auf 69,3 Jahre bzw. 74,5 Jahre (United Nations 1976/1999). Weiteres Indiz für das Profitieren der gesamten Bevölkerung ist der geringe Anteil der Bevölkerung unter der Armutsgrenze.

Auffällig ist der hohe Anteil der Exporte am BIP im Vergleich zu den Nachbarstaaten. Dies ist ein Beleg für die exportorientierte Wirtschaft des Landes aber gleichzeitig zeigt dies die Abhängigkeit von den auswärtigen Märkten. Dies zeigte sich auch im Jahr 2001 als das BIP nur noch um 0,4% stieg aufgrund der zurück gegangenen Nachfrage.

Die Tabelle zeigt den nachholenden Prozess der Industrialisierung in Malaysia. So konnte der Anteil der Industrie am BIP sich innerhalb von knapp 30 Jahren zwischen 1965 und 1994 von damals 25% auf 43% steigern. Im Vergleich zu Taiwan und Südkorea

Tabelle 2: Anteil der Industrie am BIP in Ost-/ Südostasien			
	1965	1980	1990	1994
Singapur	-	38	37	36
Hongkong	40	31	26	18
Taiwan	21	46	41	37
Südkorea	26	40	45	43
Malaysia	25	38	42	43
Thailand	23	29	39	39

(Wessel (1997) nach Weltbank, versch. Jahrg.; Baratta. versch. Jahrg.)

ist dies jedoch ein langsames Wachsen. Dort zeigen sich bereist erste Abnahmetendenzen und damit wahrscheinlich ein höheres Wachsen der Dienstleistungsbereiche.

Als letzter Punkt soll die Stand – Landbevölkerung betrachtet werden. Im Jahre 1970 lebten noch 71,24% der Bevölkerung Malaysias auf dem Land. 21 Jahre später 1991 hat sich dieser Anteil bereist auf 49,43% verringert (United Nations 1976/2000).

3.2. Räumliche Verteilung und Disparitäten

Wie bereits angedeutet, bildete sich bereits während der Kolonialzeit in charakteristisches Raumsystem in Malaysia heraus. Die britischen Kolonialmächte erschlossen besonders die Westküste West – Malaysias von Penang bis Malacca. In diesem Küstenstreifen entwickelte sich eine Zone für den An- bzw. Abbau von Exportgütern, der so genannte Tin und Rubber Belt. Aufgrund der Zinnminen und der Kautschukplantagen kam es zu einer Verdichtung städtischer Siedlungen und von Verkehrswegen (Straßen, Eisenbahn). Der Zentralbereich der Halbinsel blieb aufgrund des Reliefs unerschlossen. An der Ostküste bildeten sich subsistenzorientierte Reisanbaugebiete, die neben der Fischerei die wirtschaftliche Grundlage der Bevölkerung darstellte. Somit lassen sich bereits früh regionale Disparitäten erkennen.

12

3.2.1. Regionale wirtschaftliche Entwicklung

Für die erste wirtschaftliche Entwicklungsphase von 1970 – 1985 lassen sich räumliche Ausgleichstendenzen beobachten, die als Beleg des von Richardson angenommenen „Polarization Reversal" interpretiert wurden. Richardsons Hypothese geht von einem einmal zu durchlaufenden Entwicklungspfad aus, an dessen Ende die Herausbildung eines stabilen urbanen Hierarchiesystems steht. Untersuchungen zur Raumentwicklung haben gezeigt, dass sich für West – Malaysia Ansätze einer intra- und interregionalen Dezentralisierung feststellen lassen. Es gibt jedoch Hinweise auf eine erneute industrieräumliche Konzentration.

Der Vorsprung des BIP pro Kopf von Selangor (mit Kuala Lumpur) verringert sich im Zeitraum 19770 – 1985, da die Staaten Penang und Johor überdurchschnittliches Wachstum erreichen konnten. Die Diversifizierung der Primärgüter begünstigte die ländlichen Räume. Die rohstofforientierten Verarbeitungsbetriebe (Sägewerke, Palmölraffinerien, Reismühlen) verteilten sich über das ganze Land und trugen zu einer Industrieentwicklung der peripheren Gebiete bei. Die arbeitsintensiven Industriebetriebe, hauptsächlich von ausländischen Direktinvestitionen gegründet, siedelten sich vorwiegend in Kuala Lumpur, Penang und Johor an. Aufgrund der Verknappung von Arbeitskräften und dem damit verbundenen Anstieg von Lohnkosten in den Zentren und auch weil der Staat die Infrastruktur in der Peripherie verbesserte (Straßen, Flughäfen, Industrial Estates), siedelten vermehrt standörtlich unhabhängige Industriebetriebe in die Sekundärzentren. Die staatliche Raumwirtschaftspolitik forcierte diese Ausgleichsprozesse durch den Ausbau des Verkehrsnetzes an der Westküste und der Ostküste. In allen Staaten wurden Industrial Estates mit einer betrieblichen Infrastruktur (Strom, Wasser, Telekommunikation, Entsorgung) errichtet. Zusätzlich wurde die Ansiedlung von Industriebetrieben in Entwicklungsgebieten durch Steuererleichterungen gefördert. Teilweise wurden zur Unterstützung der Peripherie nur Produktionslizenzen für außerhalb der Zentren vergeben (vgl. Kulke, E. 1998, S.198).

Nach 1985 kam es zu einem räumlichen Restrukturierungsprozess, der sich durch veränderte Standortansprüche der modernen Branchen erklären lässt. Die malaysische Regierung hatte als Priorität ein hohes wirtschaftliches Wachstum ausgerufen. Die Mittel der Wirtschaftspolitik wurden auf jene Branchen konzentriert, die als zukunftsfähig galten und dadurch spezielle Standortvorrausetzungen benötigten. Die Mittel der früher eingesetzten Instrumente des räumlichen Ausgleichs entfielen. Für die modernen Industriebereiche (Mikroelektronik, Fahrzeugbau) boten die Agglomerationsräume Kuala Lumpur und Penang die besten Standortvorrausetzung. Hier bot sich den Betrieben Nähe zu anderen Produzenten, zu hochrangigen Dienstleistungen (Forschung, Unternehmensberatung, staatliche Entscheidungsinstanzen), gute Infrastruktur, Verfügbarkeit von hochwertigem Personal. Zu Beginn der Phase der neuen wirtschaftlichen Entwicklung kam es zu einer Verstärkung der Disparitäten zwischen Zentren und Peripherie. Während in Kuala Lumpur und Penang die neu entstandenen Branchen vorherrschten, war die Peripherie weiterhin von Landwirtschaft, Rohstoffverarbeitung und arbeitsintensiver Produktion gekennzeichnet. Im weiteren Verlauf verschärften sich diese Disparitäten zusehends. Während in den Zentren hochwertige moderne Industrie Dienstleistungs-Cluster anwuchsen, verringerte sich die wirtschaftliche Leistung in der Peripherie.

In näherer Zukunft ist nicht mit einem räumlichen Ausgleichsprozess zu rechnen. Zwar kommt es gegenwärtig zu einer Expansion der modernen Bereiche, jedoch vollzieht sich diese hauptsächlich in einem Suburbanisierungsprozess in das Umland der Zentren. Ausbreitungsprozesse in die Peripherie ergeben sich keine, da die Standortforderungen nicht gegeben sind (vgl. Wehmeyer, C. 2001).

Zusammenfassend lassen sich ein raumstruktureller Ausgleichsprozess während der rohstofforientierten bzw. arbeitsintensiven Entwicklungsphase und eine erneute räumliche Konzentration während der technologieintensiven Phase beobachten

3.2.2. Industrielle Standortstruktur

Als wichtige Standortvorteile des Agglomerationsraums Kuala Lumpur wurden von Industriebetrieben Marktnähe, Infrastrukturausstattung, Hafen und qualifizierte Arbeitskräfte genannt. Der Standort besitzt jedoch auch Nachteile, wie z.B. begrenzte Anzahl von ungelernten und billigen Arbeitskräften, Engpässe in der Stromversorgung

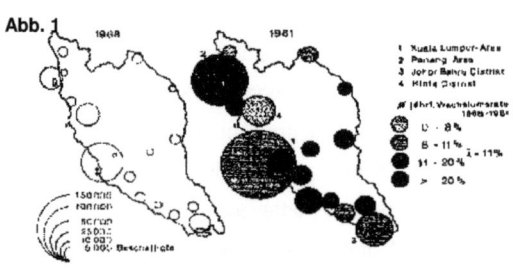

Abb. 1

Veränderungen Industrielle Standortstruktur in West-Malaysia
(In: Schätzl 1994, S. 156)

14

und fehlende Erweiterungsflächen (vgl. Schätzl 1994, S.158). Für Standorte an der Ostküste West – Malaysias sind zwar Flächen und billige Arbeitskräfte vorhanden, jedoch die fehlende oder schlecht ausgebaute Infrastruktur lässt Investoren zurückschrecken Es lässt sich feststellen, dass Industriebetriebe, die qualifizierte Arbeitskräfte benötigen, In Kuala Lumpur vermehrt Standort vorteile haben. Für Betriebe hingegen, die ungelernte Arbeitskräfte beschäftigen oder einen hohen Flächenbedarf aufweisen, haben sich die Standortbedingung im Raum Kuala Lumpur verschlechtert.

Die Verteilung der ADI belegen diese Aussagen.

Tabelle 3: ADI - Anteil der Bundesstaaten West - Malaysias am Gesamtvolumen (in %)			
	1995 - 1996	1997 - 1998	1999 - 2000
Malacca	3,4	1,6	10,4
Negeri Sembilan	8,2	5,6	7,0
Perak	1,9	1,6	5,1
Perlis	1,7	0,2	0,0
Kelantan	0,1	0,1	0,0
Terengganu	0,7	15,5	2,7
Kedah	23,3	12,5	3,9
Pahang	3,5	10,2	7,0
Johor	27,1	28,5	11,9
Selangor & Kuala Lumpur	10,0	12,0	20,1
Penang	10,4	6,9	25,4

MIDA 2002, eigene Darstellung

Die an der Ostküste gelegenen Staaten Terengganu, Kelantan, Pahang bzw. das peripher gelegene Perlis können meist nur geringe Anteile der ADI für sich verbuchen, die meist dann auch noch nur der Verarbeitung natürlicher Ressourcen dienen (vgl. Martin 1999, S.63). Einzelne Spitzeninvestitionen mit hohem Finanzvolumen im Bereich der Erdölindustrie wie im Zeitraum 1997 – 1998 in Terengganu verzerren das Bild. Jedoch können diese Investitionen keine endogenen Effekte in diesen Regionen auslösen und somit keine allgemeine Verbesserung verursachen.

Von den ADIs profitieren zum einen die Hauptstadtregion Selangor und nahe Staaten wie Negeri Sembilan und Melacca aufgrund ihres Agglomerationsvorteils, sowie die Penang mit seiner Hightech – Industrie und das anliegende Kedah. Der Staat Johor profitiert insbesondere von der Nähe zu Singapur bzw. seine Einbindung in das

Wachstumsdreieck Johor – Singapur – Riau Islands. So hat sich diese Region verstärkt zur verlängerten Werkbank für Singapur entwickelt.

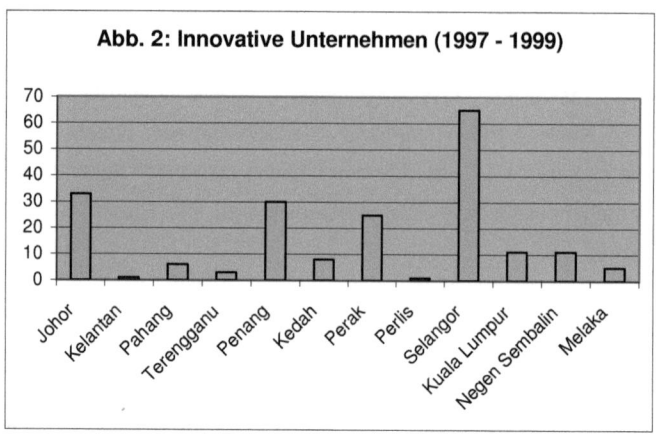

Abb. 2: Innovative Unternehmen (1997 - 1999)

MASTIC 2001, eigene Darstellung

Die Graphik zeigt, dass sich innovative Unternehmen im Zeitraum von 1997 – 1999 vorwiegend in den besser entwickelten Staaten (Selangor, Johor, Penang, Perak) angesiedelt haben. Die Ostküste hingegen wurde nur von sehr wenigen Firmen als Standort gewählt.

Im Zeitraum 1999 – 2000 erhielten die besser entwickelten Staaten ca. 80% der ADI. Der größte Anteil der ADI konzentrierte sich auf die zukunftsorientierten, dynamisch wachsenden Branchen in Penang und Selangor (mit Kuala Lumpur), die sich durch eine gute Verkehrinfrastruktur, Verfügbarkeit qualifizierter Arbeitskräfte und durch Nähe zu Anbietern hochwertiger Dienstleistungen auszeichnen. Zukünftig ist mit einer Zunahme der Disparitäten zwischen den besser und schlechter entwickelten Staaten zu rechnen, da sich aufgrund des Strukturwandels hin zu technologie- und wissensorientierter Industrie die Konzentration wirtschaftlicher Aktivitäten auf die Zentren verstärkt. Dies bestätigt auch die regionale Verteilung der ADI insbesondere im Zusammenhang mit modernen Betrieben.

3.2.3. Sozioökonomische Entwicklung

Die Economic Planning Unit (EPU) teilt die einzelnen Bundesstaaten nach dem Development Composite Index (DCI) in besser und schlechter entwickelte Staaten auf (Tabelle siehe Anhang 1). Der DCI stellt einen Durchschnittswert von zehn ausgewählten sozioökonomischen Indikatoren, zu denen u. a. das BIP pro Kopf, die Arbeitslosenquote, die Anzahl der als arm geltenden Haushalte, Ärzte je 1000 Einwohner und die Kindersterblichkeit je 1000 Lebendgeborenen zählt. Nach dem DCI gehören Kuala Lumpur, Selangor, Penang, Perak, Negeri Sembilan, Malacca und Johor zu den besser entwickelten und Kedah, Kelantan, Pehang, Perlis, Terengganu und Borneo zu den schlechter entwickleten Staaten. Die Daten der DCI belegen diese Disparitäten.

Im Entwicklungszeitraum der zwischen 1990 und 2000 zeigt sich, dass alle Regionen sich gleichstark entwickelt haben und es damit zu keinen Abbau der Disparitäten zwischen den besser entwickelten und schlechter entwickelten Staaten gekommen ist. Einzig auffällig ist das im Vergleich geringe Wachstum der Region Kuala Lumpur insbesondere im Bereich der sozialen Indices. Dies liegt zum einen wahrscheinlich an dem bereits vorher ereichten hohen Level auf der anderen Seite zeigen sich erste Agglomerationsnachteile dadurch.

3.2.4. Regionalpolitische Maßnahmen

Im Folgenden sollen zum einen die Strategien zur ländlichen Entwicklung sowie noch mal zusammenfassend die staatliche Mittel zur industriellen Dezentralisierung aufgezeigt werden.

3.2.4.1 Strategien der ländlichen Entwicklung

Abb. 3: Raumwirtschaftspolitik in West - Malaysia

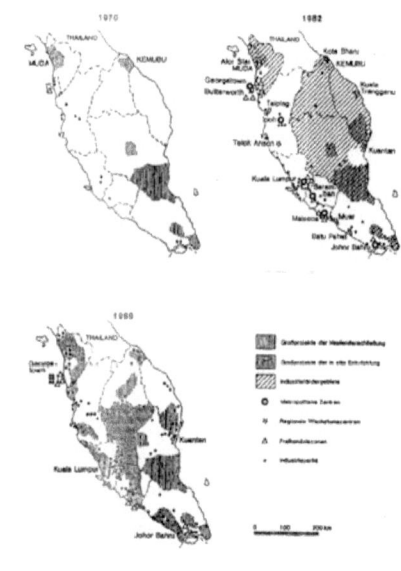

(Schätzl, L. 1994, S.164)

Bei der in-situ-Development wurden strukturelle Verbesserungen in den traditionellen Agrargebieten staatlich gefördert. Das Ziel war es, über Produktivitätssteigerung und Produktionsausweitung die Einkommen der Bauern zu erhöhen, was dem Abbau der Armut diente. Die Schwerpunkte der Entwicklung lag im dicht besiedelten Reisanbaugebiet im Nordwesten (MUDA) und Nordosten (KEMUBU). Die Trägerschaft oblag dem Bundeslandwirtschaftsministerium sowie regionalen Trägerorganisationen. Die Fördermaßnahmen beinhalteten die Be- und Entwässerung, der Einführung ertragreicherer Sorten, der Mechanisierung der Landwirtschaft und der Subventionierung der Düngemittelpreise. Dies diente alles dem Zweck, zwei Reisernten pro Jahr zu ermöglichen.

Bei der new-land-Development handelt es sich um die großflächige Erschließung von Neuland zur landwirtschaftlichen Nutzung. Es sollen Erwerbsmöglichkeiten in ländlichen Gebieten geschaffen werden, um die regionalen Disparitäten abzubauen. Der Träger der new-land-Development ist die FELDA (Federal Land Development Authority). Ihre Aufgaben neben der Erschließung von Agrarland (Waldrodung, Be- und Entwässerung, Bodenverbesserung, Pflanzung) in der Errichtung von Häusern und Dörfern, in der Auswahl und Ausbildung der Siedler und in der Verarbeitung und Vermarktung der Agrarprodukte. Die Anbauprodukte waren vorwiegend Ölpalmen und Kautschuk. Es traten jedoch auch Schwächen auf. Die staatliche Erschließung von Neuland verursachte hohe Kosten, bei einigen Projekten gab es schwere

18

Planungsfehler (ungeeignete Gebiete), die Projekte waren nur agrarwirtschaftlich ausgerichtet (kein multifunktionales Arbeitsplatzangebot) und es entstanden ökologische Schäden (Bodenerosion) (vgl. Schätzl, L. 1994, S.166).

3.2.4.2 Industrielle Dezentralisierung

In Malaysia gab es zur Verwirklichung der angestrebten industriellen Dezentralisierung mehrere Instrumente der Industrieförderung, womit das Standortverhalten der privaten Unternehmen beeinflusst werden sollte. Dazu wurden Infrastrukturmittel, Informations- und anreizmittel sowie Zwangsmittel eingesetzt.

Es besitzt fast jede Stadt ein für industrielle Nutzung geeigneten Industriepark. Zusätzlich gibt es Freihandelszonen, in denen es Betrieben, die für den Export produzieren, gestattet war, Güter zollfrei ein- bzw. auszuführen. Die Feihandelszonen liegen alle an der Westküste Malaysias im Einzugsbereich der industriell entwickelten Zentren Kuala Lumpur, Penang, Malacca und Johor. Die Einrichtung der Freihandelszonen hat die Dezentralisierung an der Westküste Malaysias unterstützt. Die Hauptträger der industriellen Dezentralisierungspolitik sind auf nationaler Ebene die MIDA (Malaysia Industrial Development Authority) und auf Ebene der Staaten die SEDC (State Economic Development Corporations). Sie stellen Informationsmittel (Ausstattung Industrieparks, Fördermaßnahmen) zur Verfügung und erleichtern so die Standortentscheidung. Anreizmittel sind staatlich geregelt und zeichnen sich durch Steuererleichterungen bzw. Steuerbefreiung aus. Zwangsmittel (Genehmigung der Gründung eines Betriebes) werden seit Ende der 80er Jahre nicht mehr eingesetzt (vgl. Schätzl, L. 1994, S.171).

4. Vision 2020 – Ein Traum?

4.1. Ziele und Maßnahmen zur Verwirklichung

Das Ziel der malaysischen Regierung, eine voll entwickelte Nation bis zum Jahr 2020 zu erschaffen ist in der Vision 2020 formuliert. Der Plan stellt das Land vor folgenden strategischen Herausforderungen:

- Schaffung einer vereinten malaysischen Nation
- Erschaffung einer freien, sicheren und entwickelten malaysischen Gesellschaft
- Entwicklung einer reifen Demokratie bzw. demokratischen Gesellschaft
- Entwicklung einer Gesellschaft die von fester Moral und Ethik ist, gegenüber allen Toleranz übt und wissenschaftlich in die Zukunft schaut
- Sicherung einer ökonomisch gerechten Gesellschaft mit gerechter und gleichmäßiger Verteilung des Reichtums
- Gründung einer Gesellschaft basieren auf einer Ökonomie, die wettbewerbsfähig, dynamisch, widerstandsfähig und flexibel ist.

(vgl. EPU 1991)

Der damalige Premierminister Mahathir sieht auf wirtschaftspolitischer Ebene die Hauptforderung in der Entwicklung von Dynamik, Konkurrenzfähigkeit und einer verstärkten Unabhängigkeit von ausländischem Kapital und technischem Wissen. Der Weg zu der Vision 2020 und der technologischen, ökonomischen Entwicklung soll durch die Liberalisierung der Wirtschaft, durch Deregulierung und durch Stärkung der Industrie erfolgen, wobei dem privaten Sektor eine Schlüsselrolle zugeordnet wird (Jackson, S., Mosco, V. 2000).

Die ambitionierten Ziele der 1990 aufgestellten Vision scheinen für die Regierung durch das anhaltend hohe Wirtschaftswachstum verwirklichbar. Neben der wirtschaftlichen Stärke werden eine hohe inländische Sparrate, eine relativ gut entwickelte physische, soziale, institutionelle und politische Infrastruktur und der privat geführte industrielle Sektor angeführt, durch dessen Ausbau die Vision 2020 verwirklicht werden soll.

Der wirtschaftspolitische Ansatz, der hierbei nun verfolgt wird, liegt nun nicht mehr allein auf dem Import und der Anwendung von Hochtechnologie und technischem Wissen, sondern auch im Aufbau eigener endogener F&E – Kapazitäten.

Vorrangiges Ziel der Politik ist der Aufbau neuer Industriezweige, die als strategisch für den Erwerb technologischer Kompetenz und die Schaffung von Kopplungseffekten angesehen werden. Hierzu zählen z.b. die Automobilindustrie, das MSC – Projekt sowie der Einstieg in die Luft- und Raumfahrtindustrie. Des Weiteren soll zum Schrittweisen Ausbau der Vernetzung der von Multinationalen Unternehmen dominierten Exportindustrie in wissensintensiven Unternehmens – Agglomerationen kommen, damit nicht wie bisher nur Endmontage und Qualitätskontrolle von importierten Gütern, sondern vielfältige vor- und nachgelagerte Produktions- und Dienstleistungsschritte im Land eingebunden werden. Der technologische Anschluss im Bereich der Informationstechnologien soll insbesondere über die Einrichtung des Multimedia Super Corridor erfolgen, der im nächsten Kapitel noch weiter erläutert wird (vgl. EPU 1991).

Durch das angestrebte bzw. vorhergesagte wirtschaftliche Wachstum von durchschnittlich 7% pro Jahr bis zum Jahr 2020 soll das BIP von 115 Mrd. $ auf 920 Mrd. $ anwachsen. Im gleichen Zeitraum wird ein Anstieg des Pro-Kopf-Einkommens von 6.180$ auf 26.100$ erhofft. Hiervon verspricht sich die Regierung eine Verbreitung des Wohlstandes, welche die Bevölkerungsstruktur widerspiegelt und somit eine Stabilisierung des sozialen und kulturellen Aufbaus des Staates ermöglicht.

Das Wachstumsszenario beinhaltet drei Entwicklungen:

1. Der primäre Sektor wird relative an Bedeutung für das Wirtschaftswachstum verlieren, dessen Verluste dann durch den sekundären und tertiären Sektor ausgeglichen werden.

2. Das produzierende Gewerbe stellt das größte Wachstum bis zum Jahr 2020, auf bis zu 40% Anteil am BIP verglichen mit 27% 1990.

3. Der tertiäre Sektor vergrößert seinen BIP Anteil von 41,8% auf annähernd 50% 2020.

Die malaysische Regierung hat erkannt, dass die Produktionsstruktur aller drei Sektoren auf eine höhere Wertschöpfung bzw. auf die Produktion höherwertiger Güter und Dienstleistungen ausgereichtet werden muss. Die wirtschaftliche Notwendigkeit ergibt sich auch bereits aus dem Aufstreben von Ländern wie China und Vietnam, die voll auf Lohnkostenvorteile setzen. Malaysia sieht sich in Anbetracht dieser Konkurrenz im asiatischen Raum gezwungen, auf wirtschaftspolitischer Ebene den Ausbau einer qualitativ höherwertigen Wirtschaftsstruktur voranzutreiben.

Das Hauptaugenmerk liegt hierbei in der Ansiedlung und dem erweitern wissens- und technologieintensiver Wirtschaftszweige (Maschinenbau, Elektronik, Elektrotechnik, Biotechnologie, Informations- und Kommunikationstechnologie, …), mit denen auch eine Verbesserung des derzeitigen Status bei Forschung und Entwicklung und eine Höherqualifizierung des Humankapitals erreicht werden soll. Hierbei soll das „human resource development" sowohl die Quantität wie auch die Qualität des benötigten Humankapitals in Form von Wissenschaftler, Ingenieuren und Technikern in Zukunft sicherstellen (vgl. EPU 2001).

4.2 Multimedia Superior Corridor

Der MSC erstreckt sich von dem Kuala Lumpur City Center nach Süden hin bis zum Kuala Lumpur International Airport auf einem Gebiet von 15 mal 50 Kilometer. Dieses Gebiet soll als Industriepark für IT – Unternehmen dienen, die Multimediaprodukte oder Dienstleistungen entwickeln, vertreiben und anwenden wollen. Eng verbunden mit dem MSC sind die beiden neu gegründeten Städte Putrajaya und Cyberjaya. Die malaysische Regierung sieht in der Investition in IT – Technologie die notwendigen Schritte, um eine

Abb.4: MSC

(www.msc.com.my)

Wissensgesellschaft auszubauen, von der sowohl die Industrie als auch der Dienstleistungssektor profitieren wird.

Wenn sich ein Betrieb im MSC ansiedeln will, muss es sich beim der Multimedia Development Corporation (MDC) bewerben. Erst wenn diese den Betrieb für relevant hält, bekommt dieser den MSC – Status und damit in den Genuss der „Bill of Guarantees". Diese Gesetzesvorlage räumt den Unternehmen mit MSC – Status weitgehende Rechte ein, wie die ungehinderte Einstellung von ausländischen Arbeitskräften und Experten, uneingeschränktes Eigentum und die freie Beschaffung von Kapital, sowie eine Steuerbefreiung von bis zu 10 Jahren (vgl. Vogelpohl, A. 2000).

Weiterhin werden bzw. sind bereits alle Teile des MSC durch ein hochleistungsfähiges Netz von Straßen-, Schienenverkehrs- und Glasfaserkabelverbindungen erschlossen. Für den Erhalt den MSC – Status muss ein Unternehmen drei Bedingungen erfüllen: Erstens muss sich die Arbeit des Unternehmen nach den sieben systematisierten Einsatzbereichen, den „Flagship Applications", orientieren. Im Einzelnen bedeutet dies:

- Electronic Goverment: die Erschaffung eines effizienteren Regierungsapparates, der sich auf elektronischen Weg schneller und besser um die Belange der Bevölkerung kümmern kann.
- Multipurpose Card: eine SmartCard, die alle bisherigen bekannten Plastikkarten in einer vereint.
- Smart Schools: mit Multimediaausrüstung ausgestattete Schulen, die eine neue Perspektive des Lernens eröffnen soll
- Telemedicine: neue Heilungs- und Behandlungsmethoden durch höheren Einsatz der Multimedia- und Technologiemöglichkeiten.
- R&D Cluster: die Erschaffung des „weltweit besten" Multimedia – F&E – Zentrums
- Worldwide Manufacturing Webs: Schaffung von Anreizen für Firmen und Organisationen, neue Multimedia Produkte und Dienstleistungen hier zu erschaffen und Malaysia als Kontrollzentrum zu nutzen.
- Borderless Marketing: die neuen Telekommunikationsmöglichkeiten nutzen, um bessere und günstigere Produkte zu entwickeln und sie schneller und leichter auf dem Weltmarkt zu vertreiben.

Zweitens müssen die Unternehmen Hochqualifizierte Arbeitskräfte beschäftigen. Als dritte Bedingung gilt die Bereitschaft, mit anderen Unternehmen zusammenzuarbeiten.

Die Regierung ist seit 1999 in der neuen Verwaltungsstadt Putrajaya ansässig. Sie wurde als „intelligente" Stadt konzipiert, in der innovative Lösungen für eine papierlose, elektronische Verwaltung erprobt werden sollen. Verwaltungsabläufe sollen auf Intranets, Online – Kundendienste umgestellt werden. Insgesamt soll die Stadt für 240.000 Einwohner platz bieten.

Das Gegenstück zu Putrajaya ist die High – Tech Stadt Cyberjaya. Hier soll eine Agglomeration von IT – Unternehmen, F&E – Zentren und einer Multimedia – Universität in einer Park- und Gartenlandschaft geschaffen werden, die mit ihrer hohen Lebensqualität auch für internationale Fachkräfte attraktiv ist (Jackson, S.; Mosco, V. 2000).

5. Fazit

Ist Malaysia nun ein Land für eine gelungene Entwicklungspolitik? Die wirtschaftspolitischen Maßnahmen waren sehr gezielt auf die jeweiligen Probleme des Landes ausgerichtet und jeweils ihrer Zeit entsprechend. So wurde Anfangs eine starke Produktdiversifikation durchgeführt, die die Abhängig des Landes von einzelnen Märkten löste und gleichzeitig erste industrielle Impulse ins Land brachte. Die Kostenvorteile bei arbeitsintensiver Produktion konnte Malaysia nutzen um eine breitere industrielle Basis zu schaffen und auch der Sprung in die Kapital- und Humankapitalintensive Produktion scheint geglückt. Da das ganze Land von diesem Aufschwung profitierte, kann man durch aus von einer gelungenen Entwicklungspolitik sprechen.

Negativ anzumerken wäre bloß die teilweise vorherrschenden Disparitäten zwischen den einzelnen Bundesstaaten, doch ist Ausgleichspolitik nicht zwingend das Ziel einer Entwicklungspolitik und in diesem auch nicht unbedingte notwendig, da durch die Stärkung der Vorteile an Westküste West – Malaysias stärkeres Wachstum zu erreichen ist.

Im Vergleich zu anderen Staaten wie Taiwan und Südkorea stellt sich natürlich die Frage, ob es nicht bereits ein stärkeres Wachstum im Land gegeben haben könnte? Zwar hinkt dieses Beispiel an der Vergleichbarkeit, doch das viel frühere Bilden von Humankapital und deren Intensivierung von F&E, hätten Malaysia ein Vorbild sein können. So ist es fraglich, ob Malaysia gegen neue Aufstrebende Konkurrenz, insbesondere China, bestehen kann, da dort gleiche Arbeit zu niedrigen Kosten geleistet wird. So verlegen Bereits erste Betriebe ihre Standorte in diese „billigeren" Länder.

Die Ziele der Regierung die in der Vision 2020 formuliert sind, belegen zwar den Ehrgeiz, doch ob sie erreichbar in diesen sind Zeitraum, ist fraglich. Es zeigt sich jedoch, dass die Regierung die Schwachpunkte erkennt, diese versucht zu bereinigen und Malaysia weiter zu entwickeln.

6. Literaturliste

Allgemeine Literatur

Altenburg, H. (2001):

Ausländische Direktinvestitionen und technologische Lernprozesse in Entwicklungsländern. In: Geographische Rundschau 53. Heft 7-8, S. 10 - 15.

Chowdhury, A.; Islam, I. (1996):

Acia – Pacific Economics. A summary. London. Northhampton.

Economic Planning Unit, Prime Ministers Department (1991):

The Way Forward (Vision 2020).

Economic Planning Unit, Prime Ministers Department (2001):

The Eight Malaysia Plan 2001 – 2005.

Economic Planning Unit, Prime Ministers Department (2002):

Third Outline Perspective Plan 2001 – 2010.

Jackson, S., Mosco, V. (2000):

The Political Economy of New Technological Spaces: Malaysias's Multimedia Super Corridor. http://www.carleton.ca/~vmosco/malaysia.htm 4.2003.

Jomo, K. S. (1993):

Industrialising Malaysia – Policy, Performance, Prospects. London. New York.

Koschatzky, K. (1997):

Die ASEAN – Staaten zwischen Globalisierung und Regionalisierung. In: Geographische Rundschau 43. Heft 12, S. 702 - 707.

Kraas, F. (1998):

Determinanten der jüngsten Wirtschaftsentwicklung in Südostasien. In: Zeitschrift für Wirtschaftsgeographie. Jg. 42. Heft 3-4. Frankfurt am Main.

Kulke, E. (1987):

Wachstumsregionen in Südostasien. Wirtschaftspolitik, sektorale und regionale Auswirkungen des Wachstums in Singapur und Malaysia. In: Geographie und Schule. 9. Jahrgang. Heft 46.

Kulke, E. (1994):

Malaysia. Wirtschaftliche, gesellschaftliche und regionale Entwicklungsprozesse. In: Praxis Geographie. Heft 7-8.

Kulke, E. (1998):

Wirtschaftliches Wachstum und räumliche Restrukturierung in Malaysia. In: Zeitschrift für Wirtschaftsgeographie. Jg. 42. Heft 3-4. Frankfurt am Main.

Kraas, F. (1998):

Determinanten der jüngsten Wirtschaftsentwicklung in Südostasien. In: Zeitschrift für Wirtschaftsgeographie. Jg. 42. Heft 3-4. S. 139 – 154. Frankfurt am Main.

Martin, I. (1999):

Ausländische Direktinvestitionen in Malaysia. Diplomarbeit, Univ. Hannover.

MASTIC (2001):

National Survey of Innovation 1997 – 1999.

MIDA (2002):

Approved Manufacturing Project Within Foreign Participation by State 1995 – 2001. Statistic Unit.

O'Brien, L. (1992):

Malaysian manufacturing sector linkages

Schätzl, L. (1992):

Raumwirtschaftspolitische Ansätze in den Wachstumsländern Ost-/Südostasien. In: Geographische Rundschau 44, Heft 1, S. 18 – 24.

Schätzl, L. (1994):

Wirtschaftsgeographie 3, Politik. 3. Auflage. Paderborn.

Schätzl, L. (2000):

Wirtschaftsgeographie 2, Emperie. 3. Auflage. Paderborn.

Tan, G. (2000):

The Asians Currency Crisis. Singapore.

Vennewald, W. (1996):

Malaysia zwischen Kontinuität und Wandel. In: Südostasien.

Vogelpohl, A. (2000):

Sag ja zu Cyberjaya! Malaysias Wandel zum technologischen Musterstaat. Die Zeit 25/2000: http://www.zeit.de/2000/23/200025_m_malaysia.html 4.2003.

26

Weggel, O. (1998):

Die Asienkrise einmal anders beleuchtet: Was waren die Ursachen? . In: Nord – Süd aktuell. 2. Quartal 1998.

Wessel, K. (1998):

Wirtschaftsdynamik und intraregionale Integration in Ost/Südostasien. In: Zeitschrift für Wirtschaftsgeographie. Jg. 42. Heft 3-4. S. 155 – 172. Frankfurt am Main.

Wehmeyer, C. (2001):

Auswirkungen des branchenstrukturellen und technologischen Wandels der Industrie auf die Regionalentwicklung West – Malaysias. Dissertation, Humbold – Univ. Berlin.

Yan Bin, Y. (2002):

Malaysia vor dem wirtschaftlichen Wendepunkt? Herausforderungen im Zeitalter der Globalisierung. In: Südostasien aktuell. Institut für Asienkunde. Heft Januar. Hamburg. S. 97 – 101.

Statistiken

Baratta, M. V. (1999) *(Hrsg.)* :

Fischer Weltalmanach 2000. Frankfurt.

United Nations (1976/1999) *(Hrsg.)* :

Statistical Yearbook. New York.

United Nations (1976/2000) *(Hrsg.)* :

Demographic Yearbook. New York.

World Bank Group:

www.worldbank.org . 04.2003.

Internet

Economic Planning Unit:

www.epu.jpm.my . 04.2003.

The Economist:

Country Briefings Malaysia. www.economist.com/countries/Malaysia . 03.2003.

Malaysia Industrial Development Authority:

www.mida.gov.my . 04.2003.

Multimedia Super Corridor:

www.msc.com.my . 04.2003.

World Bank Group:

www.worldbank.org . 04.2003.

DEVELOPMENT COMPOSITE INDEX

(1990=100)

Indicator/State		More Developed States						Less Developed States							MALAYSIA

Per Capita GDP

Unemployment Rate

Urbanization Rate

Registered Car & Motorcycle per 1000 Population

Telephone per 1000 Population

Incidence of Poverty

Population Provided With Piped Water

Population Provided With Electricity

Infant Mortality Rate per 1000 Live Birth

No. of Doctor per 1000 Population

Economic Development Index

Social Development Index

Development Composite Index

Change in Index

Notes:
[1] Includes Wilayah Persekutuan Putrajaya.
[2] Includes Wilayah Persekutuan Labuan.

(Quelle: EPU 2002, S.109)